U0381638

水电站机电设备安装

230kV GIS 及主变压器

中国华能　桑河二级水电有限公司　编

中国电力出版社

CHINA ELECTRIC POWER PRESS

内 容 提 要

本书以"一带一路"的窗口工程，柬埔寨王国目前最大的水电站——桑河二级水电站为背景，结合现场设备安装，从设备构造安装工艺、安装流程等方面，对230kV GIS和主变压器安装进行介绍。全书共两章，第一章230kV GIS安装；第二章230kV主变压器安装。

本书作为研究GIS设备和变压器安装的技术资料，总结了工程现场的安装经验，尤其收集了大量现场安装图片，对高电压等级GIS设备和大容量变压器的安装运行维护和检修具有一定的借鉴和指导价值。本书可供从事GIS设备和变压器运行维护的技术人员、管理人员学习，也可供相关设计、制造、试验的技术人员参考。

图书在版编目（CIP）数据

图解水电站机电设备安装. 230kV GIS及主变压器 / 中国华能桑河二级水电有限公司编.
—北京：中国电力出版社，2020.5
ISBN 978-7-5198-4244-4

Ⅰ．①图… Ⅱ．①中… Ⅲ．①水利水电工程－机电设备－设备安装－图解 ②水利水电工程－电气设备－设备安装－图解 Ⅳ．① TV734-64

中国版本图书馆 CIP 数据核字（2020）第 022752 号

出版发行：中国电力出版社
地　　址：北京市东城区北京站西街 19 号（邮政编码 100005）
网　　址：http://www.cepp.sgcc.com.cn
责任编辑：畅　舒
责任校对：黄　蓓　朱丽芳
装帧设计：王红柳
责任印制：吴　迪

印　　刷：三河市万龙印装有限公司
版　　次：2020 年 5 月第一版
印　　次：2020 年 5 月北京第一次印刷
开　　本：710 毫米 ×1000 毫米　16 开本
印　　张：4.5
字　　数：72 千字
印　　数：0001—1500 册
定　　价：48.00 元

水电站机电设备安装

230kV GIS 及主变压器

──────────── **编写委员会** ────────────

主　　任　李　飞

副 主 任　李梦森　皮跃银　燕　翔

成　　员　李　明　裴红洲　朱　宏　李雪锋　李　锦

──────────── **编写组** ────────────

主　　编　燕　翔

副 主 编　李　明　裴红洲　朱　宏

成　　员　申长超　徐中俊　唐小龙　翟爱元　杨　佳
　　　　　黄猛飞

水电站机电设备安装
230kV GIS 及主变压器

--- 前 言 ---

　　本书是《图解水电站机电设备安装 灯泡贯流式机组》的姊妹篇，延续前书图文并茂的风格，介绍了 230kV GIS 设备和主变压器的安装。

　　GIS 的安装与机组有很大的不同，具有主要部件细长、设备集成化程度高、安装工期集中等特点，给编写人员拍摄设备安装细节和图片展示带来了一定的困难，但编写组紧抓每一个断面安装的机会，拍下了大量珍贵的照片。变压器安装从吊装到现场开始，详细记录了导轨安装、滚轮换向、主变压器中心调整、储油柜安装、套管安装、附件安装、注油等各个环节，编写人员冒着室外暴晒和高温，详细记录了每一个安装的细节。经过编写组的辛勤付出，经多方咨询、多次完善，本书几经审改最终定稿。

　　本书主要取材于现场实际经验，以帮助解决实际问题为目标，希望能成为 GIS 和主变压器安装技术领域内一本通俗、实用的读本，希望各位读者能够从中读有所获、学有所得。由于编者水平有限，未尽之处，请各位读者给予批评指正。

　　在本书即将出版之际，感谢在本书策划、编写、审核、校对、出版过程中给予关心和帮助的各位领导、各位专家，感谢所有参与本书编写的专业技术人员，向你们致以崇高的敬意！

编者

2020 年 3 月

水电站机电设备安装
230kV GIS 及主变压器

———— 目 录 ————

第一章
230kV GIS 安装

第一节　230kV GIS 安装概述及安装顺序

一、GIS 概述

GIS（gas insulated switchgear）是气体绝缘全封闭组合电器的英文简称。GIS由断路器、隔离开关、接地开关、互感器、避雷器、母线、连接件和出线终端等设备组成，这些设备或部件全部封闭在金属接地的外壳中，在其内部充有一定压力的绝缘和灭弧性能优异的 SF_6 气体。与传统敞开式开关设备相比，GIS 具有元件全部密封不受环境干扰、检修周期长、使用寿命长，具有快速开断大电流及灭弧的能力和作用。

桑河二级电站装设有八台单机容量 50MW 的灯泡贯流式水轮发电机组，八台单台容量 63MVA 主变压器，采用一机一变的发电机 – 变压器单元接线，230kVGIS 封闭母线电气主回路主要包括：230kV SF_6 断路器、隔离开关、电压互感器、电流互感器、接地开关、避雷器、母线、套管等一次设备。

二、结构特点

230kV 主系统为双母线接线，布置了八回进线和两回 230kV 输电线路接入230kV 上丁变电站。230kV GIS 出线通过 SF_6 管道母线及 SF_6/ 空气套管和出线场设备相连，230kV 出线经屋顶出线架引至架空线，出线平台布置有 SF_6/ 空气套管、电容式电压互感器、避雷器等出线设备。

230kV I 段和 II 段母线通过母联断路器联络运行。预留双母线双分段的断路器间隔，预留 2 回 230kV 线路间隔。预留间隔本期用 GIS 管道母线连通。

三、主要设备参数

GIS 主要设备参数见表 1-1。

表 1-1 GIS 主要设备参数

名称	参数	名称	参数
制造厂	思源	型式	SSCB01
断路器操作方式（单相/三相）	单相/三相	合闸时间	≤ 100 ms
灭弧方式/断口数	双动自能式/1	分闸时间	≤ 30 ms
触头材料	主触头：铜弧触头：铜钨合金	开断时间	≤ 50 ms
额定电压（有效值）	252 kV	合分时间（金属短接时间）	≤ 60 ms
额定电流	4000 A	重合闸无电流间隔时间	300 ms
额定频率	50 Hz	最大分闸不同期时间（相间）	3 ms
		最大合闸不同期时间（相间）	5 ms
最大允许操作过电压（对地）	1.4×252 kV	额定峰值耐受电流	125 kA
操作循环（分 -0.3s- 合分）次数	10 次	额定短时耐受电流	50 kA
断路器 SF_6 气体重量	50 kg/极	额定操作顺序	O-0.3s-CO-180s-CO
额定操作电压（直流）	220 V	合闸回路允许电压变化范围	80%~110%
额定操作电压（交流）	220 V	合闸回路每极合闸线圈数量	1 只
外壳防护等级	IP54	合闸回路额定电压	DC220 V
操作方式	三相电气联动/单相操作	合闸回路额定允许电压变化范围	65%~120%

断路器隔室及其他压力定值要求见表 1-2。

表 1-2 断路器隔室及其他压力定值要求

名称		压力定值	备注
断路器隔室	额定压力	0.62MPa	
	低压报警	0.58MPa	气压小于或等于 0.58MPa 发"低气压报警"
	闭锁分/合闸及重合闸	0.55MPa	气压小于或等于 0.55MPa 发"低气压闭锁"，闭锁开关分、合闸回路及自动重合闸

续表

	名称	压力定值	备注
其他	额定压力	0.58MPa	
	报警压力	0.53MPa	气压小于或等于 0.53MPa 时，发"气室低气压报警"

新气交接验收要求见表 1–3。

表 1-3　　　　　　　　　新气交接验收要求

名称	参数	名称	参数
有电弧分解物隔室	150μL/L	无电弧分解物隔室	250μL/L

运行气体要求见表 1–4。

表 1-4　　　　　　　　　运行气体要求

名称	参数	名称	参数
有电弧分解物隔室	300μL/L	无电弧分解物隔室	500μL/L

四、安装流程

GIS 安装流程如图 1–1 所示。

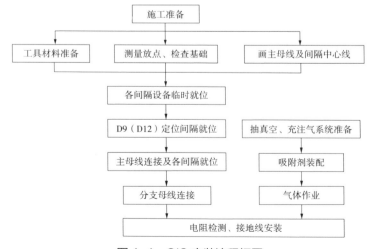

图 1-1　GIS 安装流程框图

第二节　施工条件及定位间隔安装

一、施工条件

　　桑河二级水电站 230kV GIS 设备布置在下游副厂房 76.25m 高程的 GIS 室内。在 GIS 室的上方布置有两台 16t 双梁桥机，用于 GIS 安装过程中起吊设备（见图 1-2）。GIS 设备安装区域进行全封闭管理（见图 1-3），地面须进行防尘处理，以免在安装设备过程中有扬尘。

图 1-2　16t 双梁桥机起吊

图 1-3　全封闭无尘 GIS 室

二、基础处理

对坐标点进行复查与确认；根据提供的坐标点和设计图纸进行放点、划线（见图 1-4）；根据设计图纸要求检查所有 GIS 设备基础的中心及高程；如基础偏差过大则通过垫片调整其他各基础预埋件高度，使各间隔基础高度差控制在 1~2mm 内。每个基础上垫片数量最多不超过 3 个（见图 1-5）。

图 1-4　基础测量

图 1-5　基础增加垫片

三、定位间隔安装

（1）基础处理完毕后进行各间隔初步就位。首先将定位间隔依照测量出的安装轴线准确就位（见图1-6），其他间隔与定位间隔预留1200mm左右距离临时就位，最后以定位间隔为基准，依次向两边安装主母线及各间隔。等主母线和分支母线安装完成后再进行设备基础的固定。

（2）为减少安装积累误差，选择D9间隔作为安装的定位间隔，定位间隔安装后，开始向两边安装，起吊定位间隔，按所划中心线（主母线中心线、间隔中心线）将间隔落在基础上（见图1-7）。

图1-6　定位间隔（D9间隔）就位

图1-7　重锤找中心

第三节　主母线安装

一、主母线与间隔连接装配

（1）检查包装单元为微正压，放出运输单元内氮气直到和大气压平衡。

（2）打开母线及设备间隔包装盖板封堵盖及法兰面清扫（见图 1-8~ 图 1-13）：

1）只有在间隔的法兰面对接前才允许拆卸对接面的包装盖板。

图 1-8　拔掉气芯，放出运输单元内氮气

图 1-9　松开螺母，拆卸临时封堵盖板

2）先把螺母松开，拆卸临时封堵盖放到指定的地点，注意：取下的临时密封圈不能再次使用，对封闭母线端面和内壁进行清扫。

3）用无尘纸蘸无水酒精清扫触头座、密封槽、法兰面，用无尘纸蘸丙酮清扫绝缘盆子。

图 1-10　取下临时封盖及临时密封圈

图 1-11　清扫法兰及内部壳体、导体

图 1-12 清扫导体、密封槽、法兰面

图 1-13 无毛纸蘸丙酮清扫绝缘盆子

二、O 形圈的安装

（1）密封圈的清洁：清理时，环氧绝缘件使用丙酮，其他件使用无水乙醇。使用干燥、清洁的无毛纸蘸无水乙醇（环氧绝缘件蘸丙酮）清理（见图 1-14）。

（2）密封圈装配：在 O 形密封圈表面涂敷润滑脂（见图 1-15），密封槽内不再涂敷。将密封圈装入密封槽，并确保密封完全装入槽内。

（3）设备的装配连接全部为法兰对接连接，在法兰对接连接过程中，密封圈的装配极为重要。端面连接前，对端面应作细致的清扫，清扫后应无粉尘、油垢，将规定的 O 形密封圈嵌放入密封槽中（见图 1-16、图 1-17），并确认密封圈不会被挤出槽外。为保证法兰之间的连接不至于太松而导致漏气或太紧而导致密封圈损坏，应该严格按照厂家所规定的紧固力矩值进行紧固。

图 1-14　无毛纸蘸无水乙醇清洁法兰

图 1-15　O 形密封圈表面涂敷润滑脂

图 1-16 O 形密封圈嵌放入密封槽（一）

图 1-17 O 形密封圈嵌放入密封槽（二）

三、触头安装

（1）用吸尘器清扫触头座上螺孔（见图 1-18），在螺孔的第 4~5 丝扣处涂上适量的锁定胶（见图 1-19）。

（2）把触头清扫干净（见图 1-20），配规定的内六角螺栓、垫片（见图 1-21），按 62N·m 力矩将触头装配到触头座上（见图 1-22、图 1-23）。

（3）将新密封圈清扫干净装入密封槽内（详见密封圈装配），用干净的塑料布将整个打开部分盖住。

图 1-18　清扫触头座上螺孔

图 1-19　螺孔第 4~5 丝扣处涂适量锁定胶

图 1-20　用酒精擦拭触头座

图 1-21　配规定的内六角螺栓、垫片

图 1-22　62N·m 力矩将触头紧固到触头座上

图 1-23　三相触头座装配完毕

（4）主母线与间隔就位并连接。

1）吊运待安装间隔至对接口，调整两个对接口在同一水平位置（见图 1-24）。

2）主母线与待安装间隔连接时，要确认导体与触头座插入深度（见图 1-25）。

3）清理密封槽、密封圈后，将密封圈装入密封槽内。

4）用定位螺栓定位母线后，备紧定位螺杆使对接法兰面贴合（见图 1-26），再依次将对接法兰面螺栓紧固。

5）调整安装间隔与基础中心线相对位置（见图 1-27）。主母线方向（X 方向）每间隔中心与基础中心偏差小于 3mm，整个开关站允许累计偏差小于 20mm；主母线水平面内偏离主母线中心线（Y 方向）小于 10mm；两两间隔高度差相差不大于 1mm，整个工程主母线垂直面内偏离主母线中心线（Z 方向）小于 5mm（见图 1-28、图 1-29）。

图 1-24　起吊间隔，准备对接

图 1-25　确认导体插入

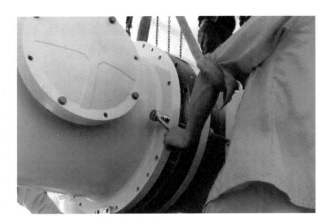

图 1-26　插入定位螺杆

图 1-27　调整安装间隔相对位置

图 1-28　主母线对接完成（一）

图 1-29　主母线对接完成（二）

第四节　分支母线安装

一、分支母线连接

（1）检查气室压力，放出包装单元内氮气，拆开包装盖板（见图 1-30），法兰面清理均同主母线连接的方法一致（见图 1-31）。

（2）确认导体与触头座插入深度（见图 1-32）。

图 1-30　拆开包装封堵盖板

（3）清理密封槽、密封圈后，将密封圈装入密封槽内（见图1-33），密封圈安装方法与主母线一致（参见主母线密封圈更换）。

（4）吊起一组母线与对应间隔对接（见图1-34），法兰对接面涂润滑脂，安装法兰面连接螺栓。

（5）如出现一次对接不成功现象时，需将法兰面分开，重新清理密封圈、密封槽及法兰面导体后，才能进行再次对接。

（6）按规定力矩紧固管母线连接处的螺栓（见图1-35）。

图 1-31　吸尘器清扫盆子、法兰、母头

图 1-32　确认导体插入深度

图 1-33　O 形密封圈安装

图 1-34　分支对接

图 1-35　分支母线法兰面螺栓紧固

二、油气套管连接

油气套管连接步骤见图 1-36~ 图 1-42。

图 1-36　清洁油气套管及法兰

图 1-37　将屏蔽罩安装到变压器接口上

图 1-38　再次清洁套管接头

图 1-39　给套管接头罩上防尘罩

图 1-40　GIS 与油气套管对接

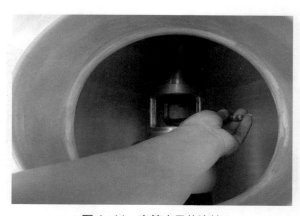

图 1-41　套管内导体连接

图 1-42 对接完成

三、SF₆ 空气套管连接

吊运套管至对接面附近后（见图 1-43），取下防尘罩并用吸尘器吸干净壳体内腔，目视检查确认套管内部无各种异物后把套管对接到母线上，套管导体先插入母线的触头座中（见图 1-44、图 1-45），再把套管缓缓对接至与母线法兰面贴合（见图 1-46）。

图 1-43 汽车吊起吊 SF₆ 空气套管

图 1-44　安装连接导体

图 1-45　导体插入母线触头座中

图 1-46　套管与母线法兰对接

第五节　密度表及气体作业

一、密度表安装

将密度表接口涂敷润滑脂（见图 1–47），然后在表的接口处安装转接头（见图 1–48），将已装好转接头的密度表紧固在 GIS 各气室上的表阀座上（见图 1–49），最后将二次插拔接头插入插座（见图 1–50）。

密度表安装要求：密度表盘朝向巡检通道，相同位置压力表方向一致；油密度表卸压螺栓装配前关闭，装配好后打开；密度表在安装之前要进行校验；相应的密度表接头要与产品接头保持一致。

图 1–47　密度表接口涂润滑脂

图 1–48　安装转接接头

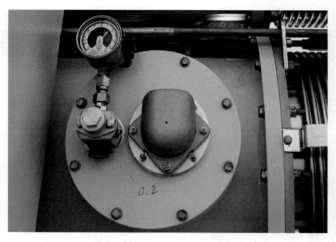

图 1-49　密度表装在阀座上

图 1-50　二次插拔连接线

二、更换吸附剂

吸附剂装配环境湿度需小于 75%RH。从拆开真空包装袋至封入密闭气室时间不超过 30min，从装入到开始抽真空不超过 2h。不解体气室出厂时充氮气，现场不再更换吸附剂。但安装时必须抽真空充 SF_6 气体。

步骤：拆卸手孔盖（见图 1-51）并清洗吸附器内部（见图 1-52），上螺纹紧固胶（见图 1-53）后更换分子筛（见图 1-54），更换新密封圈（见图 1-55）后将手孔盖回装（见图 1-56）。

图 1-51　拆卸手孔盖

图 1-52　清洁吸附器内部

图 1-53　上螺纹紧固胶

图 1-54　更换分子筛

图 1-55　更换新密封圈

图 1-56　回装手孔盖

三、气室抽真空及充注 SF₆ 气体

（1）抽真空操作：连接抽真空装置与 GIS 产品，启动真空泵，打开设备与产品间阀门开始抽真空。当气室真空度抽至 133Pa 时，至少再抽 2h，读取气室真空度 A，保压半小时，读值 B，如果 $B-A$ 真空度差不超过 100Pa，则视为真空度合格。再抽到 133Pa 以下，开始充气。若 $B-A$ 真空度差大于 100Pa，则需要解体检查（见图 1-57~ 图 1-60）。

图 1-57　将抽真空软管与气室阀座连接

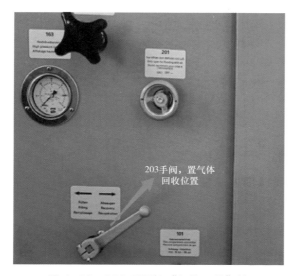

图 1-58　203 手阀切"气体回收"位

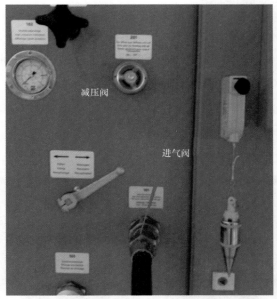

图 1-59　打开减压阀、连接进气阀

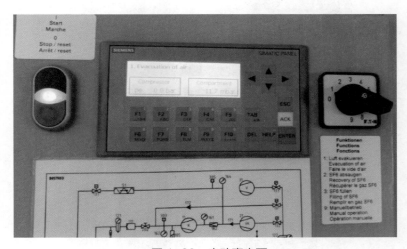

图 1-60　启动真空泵

（2）SF$_6$气体充气前确认波纹管已经按要求调整好，然后开始充气（见图 1-61、图 1-62）：

1）气室内压力上升速度不大于 400kPa/min。

2）断路器气室充气结束后，压力为 0.62MPa（20℃），其余气室压力为 0.58 MPa（20℃）。

3）充气操作必须全过程用 SF₆ 气体压力表进行监控。

4）相邻两气室的压力差不得超过 0.40MPa，充气过程中允许先充入较低的气压（宜进行分段充注：60%、100% 额定气压），进行预测微水和预检漏，最后统一充气到额定气压。

图 1-61　连接气室充气阀

图 1-62　打开钢瓶出口阀对气室充气

第六节　接地铜排安装

　　接地铜排互相连接或与接地网连接时（见图 1-63），连接面不需要抛光，只需要在镀锡接地铜排表面薄涂一层润滑脂（见图 1-64）。

图 1-63　接地铜排安装

图 1-64　接地铜排刷漆

第二章
230kV 主变压器安装

第一节 主变压器概述及结构特点

一、主变压器概述

桑河二级电站装设有 8 台单机容量 50MW 的灯泡贯流式水轮发电机组，8 台单台容量 63MVA 主变压器，采用一机一变的发电机 – 变压器单元接线，通过变压器电压转换，将发电机出口电压 10.5kV 升压至 230kV，送至 GIS。

二、结构特点

主变压器为芯式结构，低压绕组为螺旋式结构，高压绕组为内屏蔽连续式结构，高压线端中部出线，中断点位置调压。采用 Yd 接线，保证高压侧电压波形更接近正弦波。中性点采用接地开关和保护间隙及避雷器接地。冷却方式为强迫油循环水冷。

三、主变压器参数

主变压器参数见表 2-1。

表 2-1 主变压器参数

名称	参数
运行编号	1T~8T
型号	SSP-63000/242
额定容量（MVA）	63MVA
接线组别	YNd11

续表

名称			参数		
主变压器制造厂家			山东达驰电气有限公司		
额定电压（V）	高压侧 分接头位置	I	254100 V	额定电流（A）	143.1A
		II	248050 V		146.6A
		III	242000 V		150.3A
		IV	235950 V		154.2A
		V	229900 V		158.2A
	低压侧	额定电压	10500 V	额定电流（A）	3464.2A
冷却方式			OFWF（强迫油循环水冷）		
中性点接地方式			经接地开关和避雷器及保护间隙接地		
主变压器中性点保护间隙距离			250~350mm		
绝缘油牌号			新疆克拉玛依 25 号		
顶层油温升			52K		
绕组平均温升			62K		
绕组热点			75K		
铁芯表面温升			75K		
铁芯热点			80K		
油箱及结构件表面温升			70K		
绝缘水平	高压侧		LI950 雷电冲击耐受电压 950kV AC395 工频 1min 耐受电压 395kV		
	高压侧中性点		LI400 雷电冲击耐受电压 400kV AC200 工频 1min 耐受电压 200kV		
	低压侧		LI75 雷电冲击耐受电压 75kV AC35 工频 1min 耐受电压 35kV		

第二节　变压器本体安装

一、变压器本体起吊

（1）变压器本体起吊时（见图 2-1），使用设置在油箱上的全部总重吊耳，使全部吊耳同时受力并且吊绳与垂线间的夹角不得大于 30°。

（2）下节油箱上设有千斤顶底板，所有千斤顶底板必须同时受力，使其同步起升，并同时垫好垫板。

（3）安装好 4 个主变压器运输滚轮后利用千斤顶将主变压器放至运输轨道上（见图 2-2）。

图 2-1　主变压器起吊

图 2-2　主变压器运输滚轮安装位置

二、变压器就位

（1）利用卷扬机将主变压器拉至主变压器室门口（见图 2-3），利用千斤顶将主变压器顶起，调整主变压器运输滚轮方向（见图 2-4），在运输轨道上放置轨道垫板（见图 2-5）。

（2）使用手拉链条葫芦将主变压器向主变压器室移动（见图 2-6），待主变压器运输滚轮越过交叉的运输轨道，利用千斤顶将主变压器顶起。

（3）抽出轨道垫板利用千斤顶将主变压器放置主变压器室轨道上，继续使用手拉链条葫芦将主变压器移至安装位。

图 2-3　卷扬机牵引主变压器

图 2-4　主变压器滚轮换向

（4）利用下节油箱千斤顶底板，使其同步下降，放至主变压器基础上。使用千斤顶过程中，所有千斤顶底板必须同时受力。

（5）根据 GIS 与主变压器连接的气室中心为基准，调整主变压器高压套管中心，确定主变压器位置（见图 2-7）。

（6）主变压器位置确定后，焊接主变压器底部与主变压器基础。

图 2-5　主变压器滚轮换向垫板

图 2-6　手拉葫芦牵引主变压器就位

图 2-7　主变压器中心调整

第三节　附件安装

一、冷却器管路安装

（1）冷却器管路安装顺序为先装冷却器与变压器底部连接的变压器进油管，再装冷却器与变压器顶部连接的变压器出油管。

（2）打开冷却器管路堵板，使用酒精清洁密封面。

（3）放置相应尺寸的密封垫，用汽车吊起吊油管至安装位置，压紧螺栓（见图 2-8、图 2-9）。

图 2-8　油管路安装（一）

图 2-9　油管路安装（二）

二、储油柜安装

1. 安装油位计

1）打开油位计安装位置堵板，清洁密封面。

2）连接油位计表头与连杆，检查胶囊正常。

3）放置法兰面密封圈，将油位计连杆放至胶囊底部，安装油位计螺栓（见图 2-10）。

图 2-10　油位计安装

2. 储油柜吊装

用汽车吊吊装储油柜支撑板，紧固螺栓后吊装储油柜（见图 2-11~图 2-13）。

图 2-11 支撑板吊装

图 2-12 储油柜吊装

图 2-13 储油柜位置调整

三、变压器低压侧升高座及套管安装

（1）打开低压套管升高座套管安装位堵板，清洁密封面，放置密封垫。

（2）安装低压套管（见图 2-14）与升高座固定螺栓。

（3）打开主变压器本体低压套管升高座安装位置密封件（见图 2-15），清洁密封面，利用 502 胶水固定密封垫（见图 2-16）。

（4）利用汽车吊将升高座及低压套管吊至安装位（见图 2-17），压紧螺栓。

（5）打开升高座上低压套管与引线连接孔，将低压套管连接铜排布置于低压引线铜排之间（见图 2-18），用螺栓紧固（见图 2-19）。

图 2-14 低压套管安装

（6）安装过程中，扳手等工具必须用白布带绑紧，白布带另一端与主变压器本体外部可靠固定，防止扳手等工具掉入主变压器本体内。

（7）清洁升高座上低压套管与引线连接孔，安装密封垫，装好堵板。

图 2-15　拆除低压套管升高座密封件

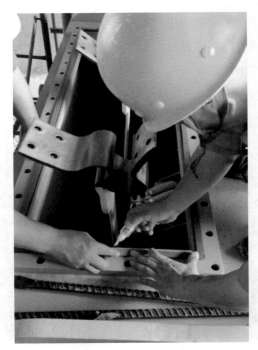

图 2-16　密封圈胶水固定

图 2-17　低压套管及升高座吊装

图 2-18　套管及引线布置

图 2-19　螺栓紧固

四、变压器中性点套管安装

（1）打开变压器中性点套管升高座临时堵板（见图 2-20），清洁密封面，用502 胶水固定密封垫。

（2）利用汽车吊将中性点套管升高座吊至安装位，清洁升高座底部法兰面，安装中性点套管升高座。

（3）打开升高座套管安装孔堵板，清洁密封面，用 502 胶水固定密封垫，将中性点引线引出套管升高座。

（4）中性点套管的连接方式不同于高、低压套管，需要将中性点引线从中性点套管中穿过。

（5）在中性点引线的端部安装临时螺栓（见图 2-21），用铁丝绑紧中性点引线端部螺栓。

（6）用汽车吊将中性点套管吊至安装位上方（见图 2-22）。

（7）拆开中性点套管引出端密封盖。

（8）取下中性点引线定位销钉。

（9）拆开密封盖与中性点引线铜密封板。

（10）中性点引线端部安装临时螺栓，便于绑铁丝牵引引线。

图 2-20　中性点升高座法兰面清洁

图 2-21　中性点引线临时螺栓安装

（11）将铁丝一段绑在中性点引线临时螺栓上。

（12）将铁丝另一端从中性点套管下部穿入、上部穿出，铁丝悬挂在汽车吊吊钩上（见图 2-23）。

（13）将中性点引线拉出中性点套管至引线定位销钉位置，调整引线与定位孔，插入定位销钉固定引线（见图 2-24）。

（14）安装引线与密封盖的铜密封板（见图 2-25）。

（15）安装中性点套管引出端密封盖（见图 2-26）。

图 2-22　中性点套管起吊

图 2-23　牵引铁丝布置

图 2-24　定位销钉安装

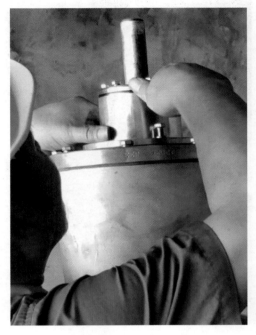

图 2-25　铜密封板安装

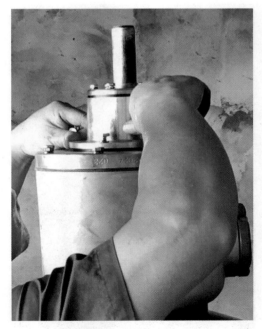

图 2-26　密封盖安装

五、变压器高压套管安装

（1）拆除变压器高压套管升高座的堵板，清洁密封面，用502胶水固定密封垫（见图2-27）。

（2）利用汽车吊将高压套管升高座吊至安装位斜上方（见图2-28），清洁升高座底部密封面。

（3）清洁完毕后安装升高座。

（4）打开升高座套管安装孔堵板，清洁密封面，用502胶水固定密封垫。

（5）利用汽车吊将高压套管吊至升高座套管安装位斜上方，清洁套管底部法兰密封面。

（6）缓慢将套管吊放至安装位（见图2-29），过程中注意防止套管磕碰，同时调整套管螺栓孔位置。

图 2-27　密封垫安装

（7）安装高压套管紧固螺栓（见图2-30）。

（8）打开主变压器本体高压套管与引线连接孔。

（9）将均压罩套至高压引线上（见图2-31、图2-32）。

（10）紧固高压套管连接铜排与高压引线铜排用螺栓（见图2-33、图2-34）。

（11）抬起均压罩至套管与高压引线处，使均压罩内六角螺栓与高压套管底部法兰侧面孔对齐（见图2-35、图2-36）。

（12）紧固三个内六角螺钉，防止均压罩滑落。

（13）安装过程中，扳手、内六角等工具必须用白布带绑紧，白布带另一端与主变压器本体外部可靠固定，防止扳手等工具掉入主变压器本体内。

（14）清洁主变压器本体高压套管与引线连接安装孔，用502胶水固定密封垫，装好堵板螺栓。

图2-28　套管升高座安装

图 2-29　套管缓慢吊入

图 2-30　套管安装

图 2-31　放置均压罩（一）

图 2-32　放置均压罩（二）

图 2-33　引线螺栓安装

图 2-34　螺栓安装

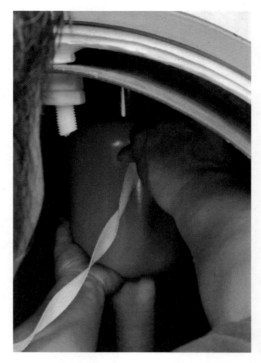

图 2-35   均压罩安装（一）

图 2-36   均压罩安装（二）

六、套管油管路、储油柜管路安装

（1）主变压器上部油管的安装顺序先装垂直管路（见图 2-37），再装连接各套管升高座支管（见图 2-38），最后从储油柜侧开始安装横管及气体继电器（见图 2-39、图 2-40）。

（2）各管路安装时，先拆除堵板，清洁密封面，用 502 胶水固定垫片，最后压紧螺栓。

图 2-37　垂直管路安装

图 2-38　套管升高座支管安装

图 2-39　气体继电器安装

图 2-40 横管安装

七、铁芯定位销钉拆卸

（1）主变压器共装设六个铁芯定位销钉，铁芯定位销钉用于变压器运输途中对铁芯支撑，防止运输过程中的变形。

（2）打开定位销钉保护罩（见图 2-41）。

（3）拆卸定位销钉（见图 2-42）。

（4）清洁密封面，放置密封垫，回装保护罩。

图 2-41　打开定位销钉保护罩

图 2-42　拆卸定位销钉

八、真空注油

1. 抽真空

注油前按制造商的安装说明书的规定和有关国标要求对整个变压器抽真空，当抽至 400Pa 时检查泄漏率在 133Pa/15min 以内时，再继续抽真空不少于 6h。在抽真空期间，每小时观察、记录一次真空度。

2. 真空注油

按制造商的安装说明书规定的注油速度在真空状态下对变压器进行真空注油，注油从油箱下部油阀进油。注油过程中，真空泵一直处于对变压器进行抽真空状态。

注油开始时，用真空滤油机对绝缘油进行预热，预热至滤油机的出口油温大于 40℃。

为了排除注油油管中的空气，在注油油管侧壁上安装排气阀，注油开始时，开启真空滤油机，同时打开排气阀，当排气阀有油持续流出后，说明油管中的空气已排除干净，此时关闭排气阀，并打开变压器注油阀，真空注油开始，如图 2-43 所示。

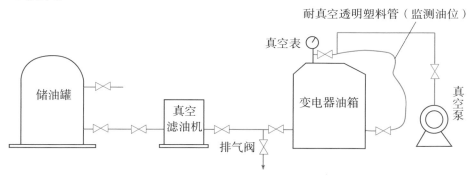

图 2-43　真空注油、气管路系统图

3. 热油循环

注油完毕后为消除安装过程中器身绝缘表面的受潮，真空注油完毕后对变压器进行热油循环，如图 2-44 所示。

热油循环时真空滤油机的出口油温应不低于 50℃，油箱的温度应不低于 40℃。

热油循环时间不少于 72h 或制造商规定的时间。热油循环的油温按安装说明书和有关标准的规定控制。

热油循环完毕后取变压器本体油样检验、试验，结果应满足安装说明书和

《电气装置安装工程电气设备交接试验标准》（GB50150—2016）的规定。

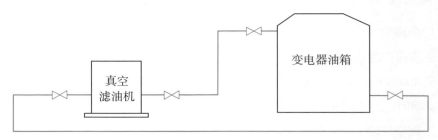

图 2-44　热油循环系统图

4. 油位调整、静置

热油循环结束后，通过真空滤油机向油箱内继续补入合格绝缘油，使储油柜油面达到略高于正常油面（按油温曲线图）。补油时多次对变压器本体及附件放气。

整个变压器注油完毕后在施加电压前按安装说明书的规定时间（但不少于72h）进行静置，静置后打开所有本体及附件上的放气塞再次放气，将变压器内的残余气体排净。

主变压器的放气塞分别有：低压套管放气塞、高压套管放气塞、低压套管升高座放气塞、中性点套管放气塞、冷却器放气塞、冷却器油管路放气塞、储油柜放气塞（见图 2-45~ 图 2-52）。

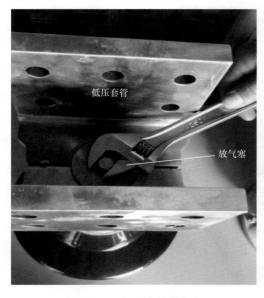

图 2-45　低压套管放气塞

图 2-46　高压套管放气塞

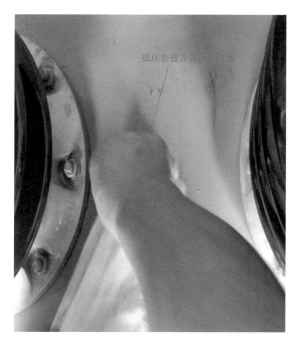

图 2-47　低压套管升高座放气塞

图 2-48 中性点套管放气塞

图 2-49 冷却器放气塞

图 2-50　冷却器油管路放气塞

图 2-51　油枕放气塞

图 2-52　正常油位

第四节　中性点设备安装

（1）利用汽车吊起吊支撑，就位后安装螺栓固定（见图 2-53）。

（2）安装横担（见图 2-54）。

（3）安装中性点组合接地设备。

图 2-53　支撑安装

（4）安装接地开关操作连杆，安装完成后手动操作接地开关，检查开关动作正常（见图 2-55）。

（5）安装中性点组合接地设备接地线、接地开关与中性点套管连接线（见图 2-56）。

图 2-54　横担安装

图 2-55　接地开关安装

图 2-56　中性点设备安装